鹿児島大学島嶼研ブックレット

10

TOUSHOKEN BOOKLET

唐辛子に旅して

山本宗立

YAMAMOTO Sota

●目　次●

唐辛子に旅して

Ⅰ　はじめに……5
Ⅱ　日本……8
1　こしょう？　なんばん？
2　なないろとうがらし
3　薩摩蕃椒
4　花岡胡椒
5　三島村黒島は唐辛子の産地だった？
6　種子島・屋久島の唐辛子利用—魔除け・湿布—
Ⅲ　植物学的な視点から……23

1　獅子唐のあたり
2　クロタネトウガラシ
3　Ｒｏｋｅｔｅはロケット？　それとも・・・
4　ブートジョロキアはどこからきた？
5　東南アジアに唐辛子の栽培種五種がすべて分布？
Ⅳ　**文化的側面に着目して**…………………30
1　おしりホカホカ
2　すっぱがらい
3　酒と唐辛子の関係（餅麹・ヤシ酒）
4　媚薬かはたまた毒薬か
Ⅴ　**おわりに**…………………42
Ⅵ　**参考文献**…………………44

Ethnobotanical Aspects of Chili Peppers in the Asia-Pacific Region

YAMAMOTO Sota

Ⅰ　Introduction……………………………………………… 5

Ⅱ　Japan……………………………………………………… 8

Ⅲ　Botanical aspects……………………………………… 23

Ⅳ　Cultural aspects………………………………………… 30

Ⅴ　Conclusion and future work…………………………… 42

Ⅵ　References……………………………………………… 44

I　はじめに

なぜ唐辛子を研究しているのですか?とよく聞かれます。しかし、そのはじまりに特段の理由はありませんでした。作物の起源や伝播に関する研究になぜか無性に魅かれ、とにかく海外へ調査に行ってみたかった。これが原動力です。「キダチトウガラシを研究材料にしてみてはどうか」という指導教員からの一言がきっかけで、いつの間にやら唐辛子を一五年以上研究してきました。そして、唐辛子を研究し始めて、その奥深さに気づいたのです。

農学系ですと、研究成果を学術論文として発表することが重要となります。しかし、学術論文を書くときは、できるだけ余計なものを切り捨てて、より単純に、より明解に、そして恣意的な結論にならないように気をつけなければなりません。そのため、海外調査中のおもしろかった体験や、失敗談、脇道にそれる話などを公表する機会があまりありません。そこで、私は鹿児島大学国際島嶼《とうしょ》教育研究センターに赴任してから、同センターの広報誌である『島嶼研だより』に「連載　とうがらしに旅して」と題して、よもやま話を寄稿してきました。本書は、寄稿した一八回分の原稿を加筆修正し、まとめたものです。

さて、唐辛子とは植物学的にどのようなものなのでしょうか。唐辛子（トウガラシ属植物）は中南米原産のナス科（Solanaceae）植物で、日本で栽培・利用されている唐辛子のほとんどが植物学的にトウガラシ（*Capsicum annuum*）に属します。辛い品種としては鷹の爪や八房など、辛くない品種としてはピーマンや獅子唐《ししとう》、パプリカなど、食べたことや聞いたことがあるのではないでしょうか。南西諸島や小笠原諸島では、トウガラシとは別種のキダチトウガラシ（*C. frutescens*）も栽培されており、その果実は非常に辛く、独特の香りや風味をもつことが知られています。沖縄ではキダチトウガラシの果実を泡盛に漬けた調味料「コーレーグース」が沖縄ソーキそばやアシテビチ（豚足）などの薬味に利用されています（写真1）。その他に約二〇種以上の唐辛子が中南米を中心に分布していますが、日本ではそれらが利用されることはほとんどありません。

写真1　自家製のコーレーグース（左）とキダチトウガラシの一味（右）（沖縄県石垣島、2005年）

それでは唐辛子は日本へどのように伝わってきたのでしょうか。一四九三年にコロンブスが唐辛子を新大陸からヨーロッパへ初めて伝えた後、インドへは一五四二年に、中国へは明朝末期(一六四〇年頃)までに唐辛子は伝わったとされています。唐辛子の日本への伝来時期については、①天文年間(一五三二～一五五五年)、②文禄年間(一五九二～一五九六年)、③慶長年間(一五九六～一六一五年)など諸説ありますが、遅くとも一六世紀には日本へ伝来していたと考えていいでしょう。

以上のように、唐辛子は大西洋を渡ってヨーロッパ・アフリカ・インド・東南アジアを経由して日本へ伝播したと基本的には考えられていますが、私たちが行ってきた植物学的・遺伝学的な研究から「太平洋伝播経路」があったかもしれないことがわかってきました。一六世紀中葉から一九世紀初頭にかけてフィリピンのマニラとメキシコのアカプルコとの間でガレオン貿易が行われていたことを考慮すると、唐辛子の一部は新大陸からオセアニアを経由してアジアに伝播し、東南アジア・東アジアの島嶼部を「島伝い」に広がっていった可能性が高い、というものです。この仮説がより強固なものになれば、新大陸起源の作物であるトウモロコシやトマト、カボチャ類、パパイヤ、タバコなどについても「太平洋伝播経路」を再度検証する必要がでてきます。

ここまで読まれて、既にお気づきの方もおられるかもしれません。「唐辛子」という表記についてです。普通はトウガラシと書くと思いますが、植物学的にはトウガラシは一つの種を指すため、本書では、ある地域における呼称や商品名などを除き、すべての種を含めた総称として「唐辛子」を用いたいと思います。

前置きが長くなりましたが、さあ、唐辛子のよもやま話の旅に出かけましょう。

Ⅱ　日本

1　こしょう？　なんばん？

日本では江戸時代・近代から唐辛子の標準的な名称として「とうがらし」が使われてきました。でも地域によっては唐辛子のことを違う名前で呼んでいます。九州で「こしょ（う）を取って」と言えば、だいたいの地域で唐辛子が出てくるでしょう。地場産の野菜直売所では唐辛子に「こしょう」とラベルが貼られていたり（写真2）、ホームセンターでは唐辛子の苗が「こしょう」として売られていたりします。九州では唐辛子も胡椒も「こしょう」なんです。ややこしいですね。

さて今度は東北・北海道へ行ってみましょう。東北や北海道では唐辛子のことを「なんば（ん）」

と呼びます（写真3）。関西では「なんば（ん）」といえばトウモロコシのことを指すので、これまたややこしい。関西人が東北や北海道の食堂で「なんば（ん）」を頼むと唐辛子が出てきてびっくり！という笑い話を創作して、どこかへ投稿するのもまた一興。唐辛子の名称としての「なんば（ん）」と「こしょ（う）」の分布をみてみると、新潟県、長野県、岐阜県のあたりを境界とし

写真2　「こしょう」とラベルの貼られた唐辛子（福岡県前原市（現糸島市）、2006年）

写真3　「なんばん」として売られる唐辛子（北海道網走市、2013年）

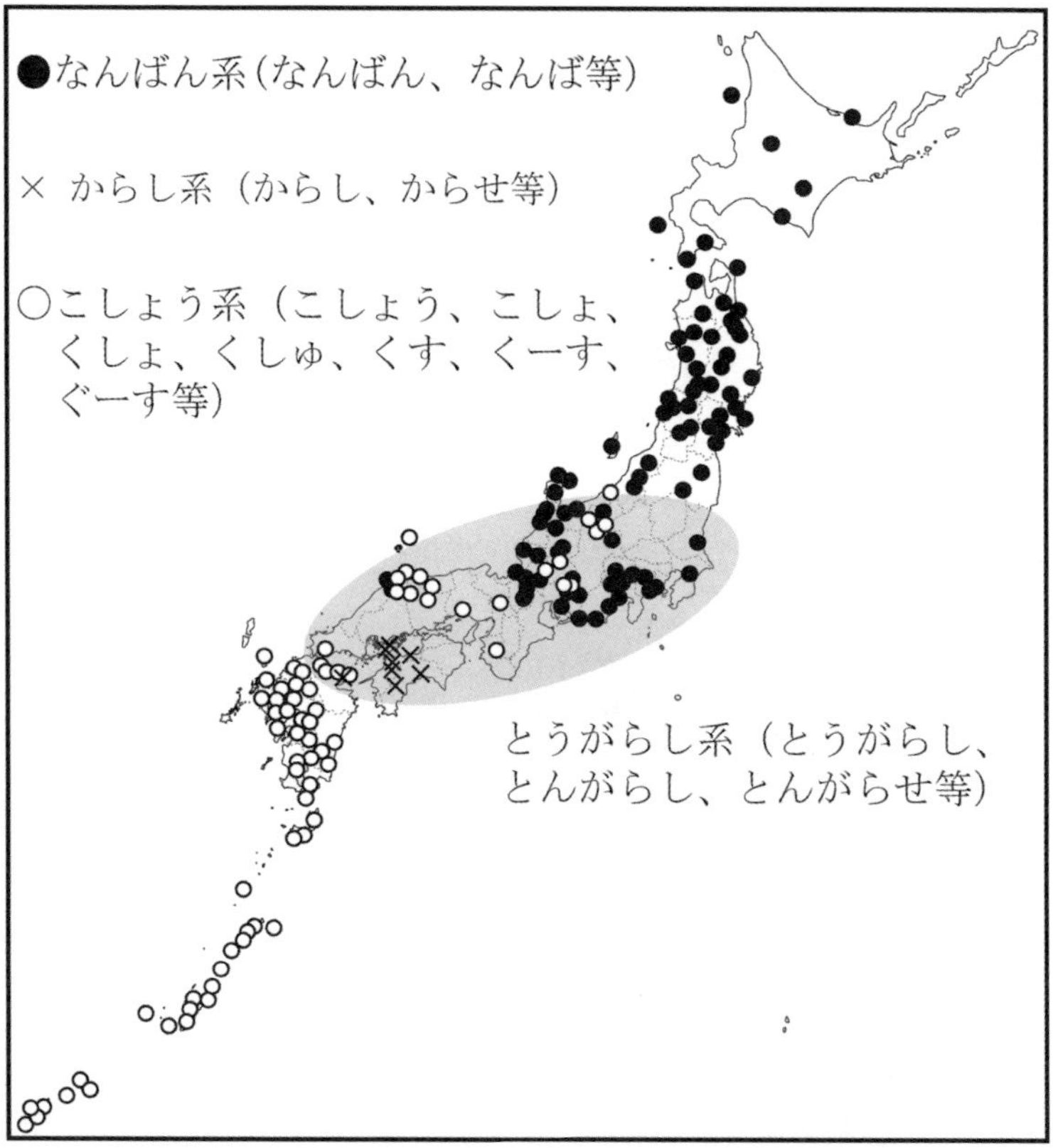

図１　唐辛子の主な方言分布図（『日本植物方言集成』、『鹿児島民俗植物記』、『奄美群島植物方言集』、『琉球列島植物方言集』、『日本の食生活全集』および筆者の調査結果をもとに作成）

て思いのほかくっきりと東西にわかれます（図1）。「とうがらし」は太平洋ベルト地帯が中核地域のようです。二〇一一年に長野県木曽郡の道の駅「日義木曽駒《ひよしきそこま》高原」へ行く機会を得ました。すると新鮮な果実は「南蛮《なんばん》」として売られ、そばの棚には「青こしょう醤油」（青唐辛子を醤油に漬けた商品）と「青とう味噌」が陳列されていました（写真4）。まさに文化の接点です。このような方言名は、既に二〇〇〜三〇〇年前の文献に散見されます。情報が氾濫する現代におい

写真4　「南蛮」として売られる果実（上）と「青こしょう醤油」という商品（下）（長野県木曽郡、2011年）

て、拡大の一途をたどる「とうがらし系」勢力に負けず、「なんば（ん）」、「こしょ（う）」などの方言名が今でも使われているのは、なんだかうれしいですね。

2　なないろとうがらし

「なないろとうがらし」と聞いて、ピンとくる人は少ないでしょう。七色唐辛子、つまり七味唐辛子のことです。『日本の食生活全集』の北海道・茨城・群馬・静岡編にその名称が出てきます。「七色」は美しい虹を連想させるため、私はこの呼び名がとても気に入っています。ところで、この「色」や「味」が地域によって異なることをご存じでしょうか。関東では濃口の醤油味に合うように辛味を強調した配合（唐辛子、山椒、黒胡麻、陳皮《ちんぴ》、けしの実、麻の実など）となっていますが、関西ではだしの風味を生かしつつ、より香り高くするために、薬味が多く使われています（唐辛子、山椒、黒胡麻、白胡麻、青海苔、青紫蘇、麻の実など）。七味唐辛子屋で有名なのは、東京・浅草の「やげん堀」、京都・清水の「七味家」、長野・善光寺の「八幡屋儀五郎《やわたやいそごろう》」です。海外調査の帰りに、中部国際空港の親子丼屋に入ると、なんと机の上に「八幡屋儀五郎」の小袋が置いてあるではありませんか！　知多半島にまで進出しているのかと驚き、「この七味唐辛子はとても有名なんです」と店員の女性に力説してしまいました。七味唐辛子の変り種として、

「八味とうがらし」が滋賀県甲賀市土山で売られていました（写真5）。一体何が入っているのかと思えば、唐辛子と白胡麻に加え、土山特産のお茶（煎茶・ほうじ茶・番茶・かぶせ茶・玄米茶）でした。お茶の風味と唐辛子の辛味がよく合ういい商品でした。各地域の特産品を生かした「？色」・「？味」唐辛子が、これからもどんどん出てくることを楽しみにしています。

写真5　唐辛子と白胡麻に特産のお茶を加えた八味とうがらし（滋賀県甲賀市、2009年）

3　薩摩蕃椒

鹿児島には「薩摩蕃椒《さつまばんしょう》」と呼ばれる唐辛子があります。実はその来歴を寡聞にして知りません。農林水産省には品種登録されていないようです。スーパーマーケットや物産展などで売られているほか、インターネット上でも購入可能です（写真6）。薩摩藩主島津重豪《しまづしげひで》の命で編纂された日本で最初の本格的博物誌『成形図説』（一八〇四年）には、櫻番椒（サクラタウカラシ）、垂番椒（サガリタウガラシ）、梅番椒（ムメタウガラシ）、櫁實番椒（エノミタウガラシ）、黄番椒（キタウガラシ）、雑色番椒（イロマジリタウカラシ）、江戸番椒（エドタウガラシ）、一丈紅、鷹の爪、胡頽《ぐみ》胡椒、天上守《てんしやうまもり》、下《くだり》胡椒、金柑唐辛子などの名称が見受けられますが、「薩摩蕃椒」は出てきません。話はそれますが、本書に「本藩南邉に生ふるはいよいよ太くいよいよ辛し」や「蝮蛇《まむし》咬に番椒の粉を酢にてときつくべし」とあるのは興味深いところです。一七三五〜一七三八年頃に作成された『享保・元文諸国産物帳』の九州における唐辛子には、榎子番椒、烏帽子番椒、まるごせう、圓《まる》番椒、大番椒、鬼灯《ほおずき》番椒、兜番椒、金番椒、櫻ごせう、桜番椒、千のやさき、千矢番椒、千生番椒、竹節番椒、つきがねごせう、のぼりごせう、八生番椒、天笠番椒、針番椒、ふさなりごせう、蚯蚓《みみず》番椒、四頭番椒が記載されているものの、やはり「薩摩蕃椒」は出てきません。

『聞き書　鹿児島の食事（日本の食生活全集）』にもありません。いつ頃から「薩摩蕃椒」という名称が用いられたのか、非常に気になるところです。

この話には後日談があります。『島嶼研だより六九号』に先述のような内容を掲載したところ、なんと命名者の方から直接ご連絡をいただきました。詳細は避けますが、ある企業の方が、鹿児島県内産唐辛子を商品化したい、という情熱から、鹿児島（＝薩摩）の唐辛子（＝蕃椒）だから「薩摩蕃椒」と命名し、平成二一年から全国販売を開始されたそうです。直接お会いして、鹿児島県産の食材を用いた料理を食べながら唐辛子談義に花を咲かせたことは、今でも鮮明に覚えています。「薩摩蕃椒」という名前自体は新しいものでしたが、このような情熱が様々な唐辛子の名前や品種を生んでいくのでしょうね。

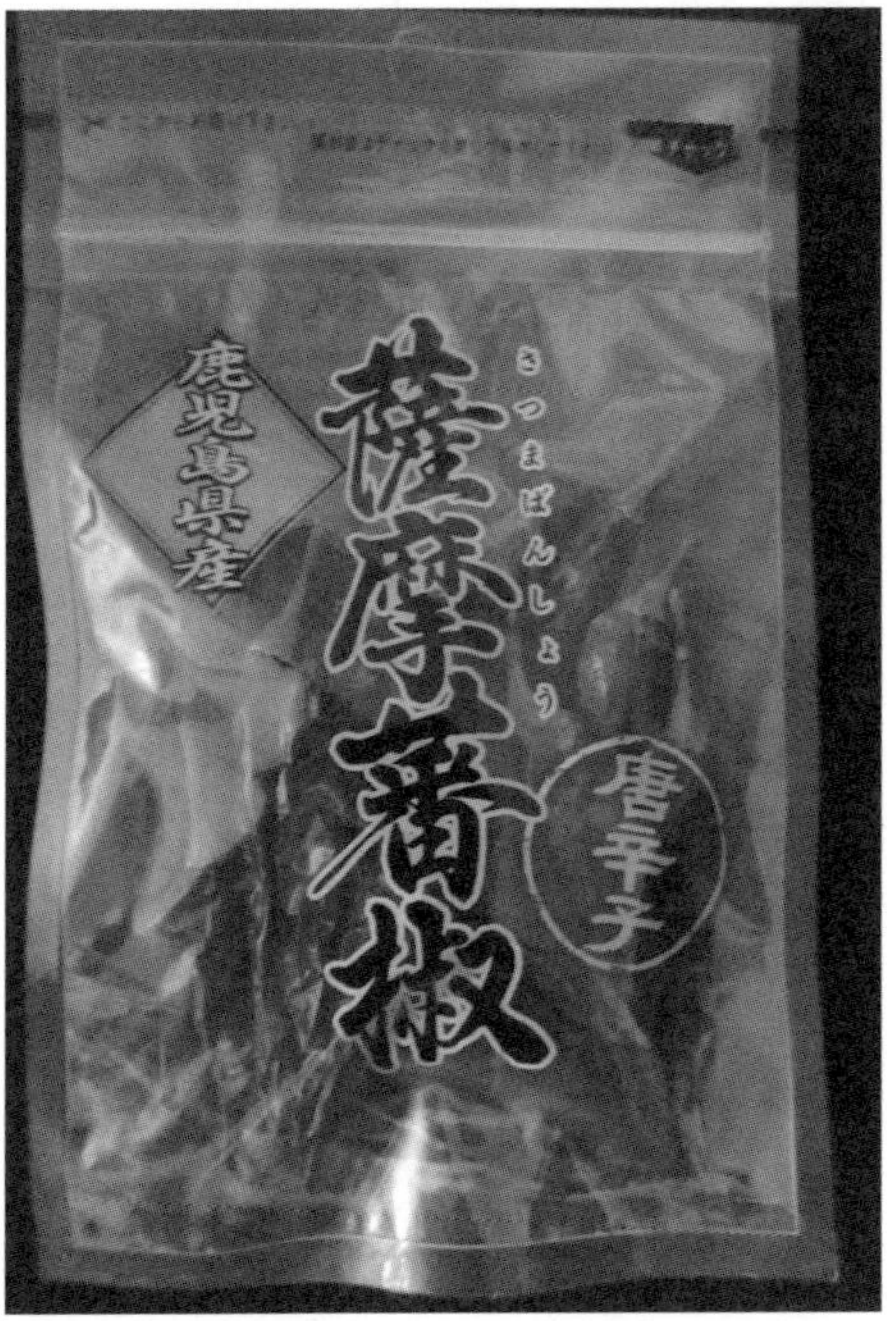

写真 6　薩摩蕃椒（鹿児島県鹿児島市、2013 年）

4　花岡胡椒

南日本新聞の二〇一五年六月二日付一二面に掲載された「花岡《はなおか》の唐辛子復活へ」という記事を読んで驚きました。鹿児島県にこんな面白い唐辛子があったなんて。唐辛子研究者と自称しながら、知らなかったことがとても恥ずかしい・・・。灯台下暗し。『鹿屋市史』や『花岡郷土史』にもそれぞれ「花岡コショウ」、「花岡こしょう」という項目があります。資料によると、明治三一年（一八九八年）に当時の村長が神戸（横浜説もあり）の貿易商から教えられて種子を持ち帰ったのが始まりとされています。大正時代には作付面積が一二〇町（約一二〇ヘクタール）、耕作農家が一二〇〇戸となり、全国生産量の七〇％にも及ぶようになりました。しかし、昭和恐慌による価格の下落や太平洋戦争の影響で、自家用以外にほとんど生産されなくなったとのこと。南日本新聞には「このような歴史を知った飲食店経営近藤善光さん（三九）が、鹿屋青年会議所の会員ら約一〇人で四月に研究会をつくった」とありました。早速調べてみると、「花岡胡椒研究会」なるものが存在するではありませんか！　ぜひお話を伺いたいと思っていたところ、二〇一六年一〇月にその機会を得ました。唐辛子研究仲間とともに鹿屋市の花岡地区公民館へ行くと、花岡胡椒研究会の近藤善光会長や会員の皆様が暖かく迎えてくださりました。その場におられた六七歳の男性から興味深いお話を聞くことができました。「昔はコショウチギリヤスミ（注：『花岡郷土史』には「コシュチギイヤスン」とある）という学休日があった。お弁当を持って朝から夕方まで唐辛子の果実を摘んだ。一升で八～一〇円、一人六升くらい摘めた。そのお金を学校に寄付し、プールを作った」、「子供は片手で摘むが、おばちゃんたちは両手で摘んでいた。果実のみを摘む」、「収穫後は手が辛かった。近くの田んぼの水路で手を洗った。洗わないでおしっこをするとあそこが痛かった」、「小学生の頃、友達の箸に唐辛子を塗って、いたずらをしたこともあった」。どんどんと思い出話が出てきて、楽しくて仕方がありません。ただ、『鹿屋史』には「花岡コショウは「たかの爪」といわれる、二～三センチの小粒で」とありますが、お話を伺っていると、どうも違う。そこで、近藤会長のご好意で、花岡胡椒を栽培している宮迫治時さんのお宅を訪問することにしました。

宮迫さんのお宅を訪れると、地面に敷かれた

写真７　地面に敷かれたネットの上で花岡胡椒の赤い果実を天日干し（鹿児島県鹿屋市、2016 年）

ネットの上で花岡胡椒の赤い果実が天日干しされていました（写真７）。軒先には株ごと上下逆さにして干してあります。花岡胡椒との初対面に心が躍ります。逸る気持ちを押え、サツマイモやラッカセイ、ソバの畑を見ながら歩くこと数分、宮迫さんの花岡胡椒畑に到着。花岡胡椒が畝に美しく並び、赤い果実が葉の隙間からこちらを覗いています（写真８）。みずみずしい果実を見ると、無性にかじりたい衝動に駆られます。唐辛子研究仲間も同じ。早速そのままかじらせてもらいます。甘い！　ジューシーだ。そして一様に「辛くない」といいます。近藤会長や宮迫さんは怪訝な表情。そう、唐辛子研究者はどこかおかしなところがあります。様々な唐辛子を生でかじることに慣れているため、一般の方とちょっと評価が違うのです。もちろん「少し」辛いのですが、それが「辛くない」となってしまうのです。いずれにせよ、甘味が強いのは特徴的といえます。宮迫さんのご夫人が、花岡胡

写真８　宮迫治時さんの畑に植えられた花岡胡椒（鹿児島県鹿屋市、2016 年）

椒の収穫の仕方を教えてくださりました。果実を持って、ポキッ、ポキッ、ポキッ。いとも簡単に収穫していきます（写真9）。実際に果実をつかんで折り曲げてみると、萼（いわゆるヘタ）と果実がつながっているところから折れます。この形質もめずらしい。花岡胡椒は「鷹の爪」とは違う可能性が高く、日本の在来品種の中でもめずらしいタイプかもしれません。宮迫さんのお宅へ戻り、お話を伺いながらお茶とともに茹でピーナッツをいただきました。もちもちして、とてもおいしかったです。花岡胡椒は二〇一五年に「かごしまの伝統野菜」に選定され、「二〇一六かごしまの新特産品コンクール」では「花岡胡椒ギフトセット」が鹿児島県知事賞を受賞しました。それもこれも、花岡地区の方々が花岡胡椒の栽培を続けてきた結果です。宮迫さんのように花岡胡椒の過去の栽培や利用をご存じのご年配の方々に対して民俗学的な聞き取り調査を行い、花岡胡椒の歴史を分厚くすることで、花岡胡椒の魅力がより一層増すのではないでしょうか。

写真 9　花岡胡椒の収穫の仕方（鹿児島県鹿屋市、2016 年）

5　三島村黒島は唐辛子の産地だった？

動植物が豊かな森深き島、鹿児島県三島村黒島。太平洋戦争時の島民と特攻隊員との交流を描いた映画『黒島を忘れない』が公開されたのは記憶に新しい。黒島の特産品といえば、私には大名竹や椎茸、みしま牛などがすぐに思い浮かびますが、一五〇年前は唐辛子の産地だったようです。江戸時代後期に薩摩藩が編纂した地誌『三國名勝圖會』(一八四三年)には、三島村黒島の「物産・蔬菜類」（注：蔬菜は「そさい」と読み、現在では野菜と同義）に「香蕈《しいたけ》」、「木耳《きくらげ》」、「海苔諸種」、そして「番椒（トヲガラシ）」とあります。薩摩藩領内で唐辛子が物産として挙げられているのは黒島だけであり、編纂者の目に留まるほどの唐辛子の産地だったのでしょう。「番椒（トヲガラシ）」の項には、「冬月には、枝葉枯るといへども、根茎活し、春に至て又枝葉を生ず、故に其幹二〇年を歴て、大なる者あり、是此島暖氣なる故に、冬月寒に傷られざるなり」とも述べられています。日本で栽培・利用されている唐辛子には植物学的にトウガラシ（*C. annuum*、annuum＝一年生の）とキダチトウガラシ（*C. frutescens*、frutescens＝灌木状の、つまり多年生の）があります。日本の大部分の地域では冬の寒さで枯れてしまうため、トウガラシは一年草であると思っている人が多いでしょうが、両種とも熱帯・亜熱帯地域では多年草であり、低木になります。そのため、ここで挙げられている唐辛子がどちらの種であるのかを判別するのは難しいですが、熱帯・亜熱帯に適したキダチトウガラシに比べ、トウガラシの方が寒さに耐性があるため、黒島の冬の気温を考えると、トウガラシの可能性が高いと思われます。二〇年以上の個体がある、というのは少し眉唾物ですが・・・。一五〇年前の黒島唐辛子を復活させ、ピリ辛メンマやピリ辛椎茸の佃煮などの特産品はどうだろう？　椎茸の出汁と唐辛子の相性もいい。早急に黒島唐辛子の種子を島で探し出さねば。黒島は二〇一五年八月末台風一五号によって甚大な被害を受けました。一刻も早い復興を願うとともに、歴史的な背景のある黒島唐辛子が地域振興の一助を担えないだろうかと期待しています。

6　種子島・屋久島の唐辛子利用―魔除け・湿布―

『中種子町郷土誌』を読んでいて「こしょう（唐がらし）を軒にかけておくとはやり病がこない」という唐辛子の魔除けとしての利用方法を見つけたときにはとても驚きました。『まよけの民俗誌』によると、茨城県や千葉県、新潟県、長野県でもはやり病の魔除けとして戸口に唐辛子を吊るすことが知られているようです。奄美群島以南ではクモ貝やスイジ貝などの貝類を軒先に吊るして魔除け（厄除け）とすることが多いため、唐辛子を魔除けとして利用する文化は、大隅諸島と奄美群島の間に線を引くことができるのかもしれません。『屋久町郷土誌第三巻』の安房《あんぼう》村の項に「打ち身のとき、トイシ草とタマゴ・メリケンコ・焼酎・コショウなど七品をすり合わせて患部につける」とあったのですが、この「コショウ」が唐辛子なのか胡椒なのか、判別がつきません。どうしてかといえば、屋久島における唐辛子の方言名が「こしょう、こーしょう」だからです。三島村で唐辛子の調査をしたとき、三島村における唐辛子の方言名は「こしょう」だと聞いていたので、「こしょうについてお話を伺いたいのですが」と島民の方々に質問をしました。すると、それを唐辛子ととらえる人がいたり、胡椒ととらえる人がいたり・・・。そこで「とうがらしについて・・・」と質問してみると、「とうがらしは知らん」となり、残念な思いのなか世間話をしていると、「でもこしょうなら昔はあったなー」となるのです。聞き手・話し手の年齢や性別、出身地、長らく暮らしてきた地域などの違いにより、「こしょう」の意味がずいぶんと変わってくるのですね。『与論島薬草一覧』や『沖縄民俗薬用動植物誌』、『聞き書　佐賀の食事（日本の食生活全集）』に唐辛子の湿布としての利用方法が書かれていることや、現在市販されている温湿布に唐辛子の成分が入った製品もあることを考慮すると、屋久島の「こしょう」湿布は「とうがらし」湿布なのではないでしょうか。

Ⅲ　植物学的な視点から

1　獅子唐のあたり

誰でも経験したことがあるでしょう。あの殺人的な辛さを。獅子唐の煮浸しや天麩羅などを食べたときのいわゆる「あ・た・り」です。辛い食材や料理を食べるときには、「食べるぞー」と身構えるからそれなりに我慢ができます。が、優しい顔をして急に牙を剥かれると度肝を抜かれます。どうして「稀に」辛い果実にあたるのでしょうか？　実はまだよくわかっていません。巷では、辛い品種の花粉が獅子唐の花につくから果実が辛くなる、などという人もいます。簡単な実験で科学的に証明できそうですが、寡聞にしてそのような報告を知りません。唐辛子は高温や強光、水不足などのストレスを受けると、果実がより辛くなることが知られています。獅子唐の場合、同じ植物体から採った果実でも辛い場合とそうでない場合があるから話がややこしい。この内容を研究している知人によると、少なくとも「種子が少ない果実は辛い」といえるようです。今後の研究が期待されます。とにかく、獅子唐が辛さを発現する遺伝子を持っていることは間違いないでしょう。今後品種改良によって、どのような環境で栽培しても果実が辛くない獅子唐を作り出すことも可能だと思われます。でも、そんな獅子唐ってちょっと魅力に欠けると思いませんか？　だって、辛い果実にあたって大騒ぎをしていると、食卓が賑わってとても楽しいから。

2　クロタネトウガラシ

いま熱をあげているのが唐辛子の栽培種の一種 *C. pubescens*。果皮が分厚くパプリカのようにジューシーで、それでいて猛烈に辛い。アンデス山脈の中・高標高地を起源地とし、現在はアンデス山脈をはじめ中央アメリカの高地でも栽培されています。この *C. pubescens*、日本における名前（和名）がまだありません。現地でロコトと呼ばれているため、日本の書籍や学術論文ではロコトトウガラシと紹介されることも多いです。しかし、この唐辛子は「種子が黒い」、「葉や茎が毛深い（学名の pubescens は毛だらけの意味）」という他の栽培種にはない形態的特徴を持っています。ならば、現地名のロコトなどを用いず、この変わった形態を和名に用いたほうがわかりやすいしおもしろいのではないでしょうか。「ケダラケトウガラシ」はちょっと不気味な印象を受けるかも・・・。日本ではアカメガシワやベニバナのように色・部位の順で名をつけることが多いようです。では黒い種子に注目して「クロタネトウガラシ」はどうか。今のところは私だけの意見ですが、いつの日か和名になっていないかな。トウガラシにキダチトウガラシにクロタネトウガラシ。なかなかいい響きでしょう?

3　Ｒｏｋｅｔｅはロケット?　それとも・・・

国際学会に参加するため、二〇一〇年に初めてフィジーへ行きました。フィジーのビチレブ島で現地調査をしている鹿児島大学の研究者グループと一緒だったので、彼らが調査をしている村へ連れて行ってもらいました。この村では唐辛子のことを「Ｒｏｋｅｔｅ」と呼ぶようです。ん?ロケテ?　一緒にいた研究者の一人は、辛くて「ロケット」のように飛びそうになるからじゃないか、と真顔でいいます。しかし「Ｒｏｋｅｔｅ」と聞いた瞬間、南米におけるクロタネトウガラシ(*C. pubescens*)の現地名「ロコト(ｌｏｃｏｔｏ、ｒｏｃｏｔｏ)」が私の脳裏をかすめました。もしかして南米から持ち込まれた?　コロンブスの新大陸到達以前に唐辛子は太平洋諸島に伝播していた?　次から次に想像が膨らんでいきます。でも言語学者には絶対怒られるだろうな。例え字面(発音)が似ていても、全く違う語源のことも多々あるからです。それではちょっとサツマイモの伝播ルートをみてみましょう。サツマイモの伝播ルートは各地の呼称から、バタタス・ルート、カモテ・ルート、クマラ・ルートの三通りが想定されています。その中でもクマラ・ルートは、大航海時代以前に南米の先住民が太平洋諸島へサツマイモを伝えたのではないか、あるいは太平洋諸島民が南米へ到達しサツマイモを持ち帰ったのではないか、という伝播経路です。サツマイモの起源地付近には、唐辛子だけではなくカボチャ類など現在でも非常に有用な作物の起源地もあります。サツマイモのみが太平洋諸島へ伝播したというのは信じがたい。他の作物も合わせて伝播したと考えるのが論理的ではないでしょうか。現在のところ言語学的な証拠は何もありません。今後研究が進展し、Ｒｏｋｅｔｅは「ロケット」ではなく「ロコト」です、となれば、新たな歴史の幕開けかも。

4　ブートジョロキアはどこからきた?

ブートジョロキアをご存じでしょうか? 二〇〇七年にハバネロを抜いてギネス世界記録で「世界一辛い唐辛子」と認定された唐辛子です(その後、より辛い唐辛子が見つかり、世界一位の座を奪われましたが)。認定後すぐに「激辛」としてメディアで話題になり、「ジョロキア」と冠するスナック菓子も販売されました。ブートジョロキアやハバネロは植物学的には *C. chinense* に属します。*C. chinense* はアンデス山脈東側の低地を起源地とし、熱帯アメリカの幅広い地域、特にカリブ海やメキシコ南部からブラジル、ボリビアにかけてよく利用されています。ブートジョロキアは、インドやバングラデシュ、ミャンマー（主にバングラデシュに隣接する州）で栽培されている品種ですが、どこからやってきたのかよくわかっていません（写真10）。ブートジョロキアの果実表面はざらざらしており非常に特徴的です。この系統群は、中南米、特にカリブ海でよくみられるし、フィジーにも分布することを私自身が確認しています。カリブ海、南アジア、そしてフィジー。一体何の関係があるのでしょうか？　ぱっと思い浮かぶのはインド系移民です。イギリス植民地時代にサトウキビ産業の担い手として多くのインド人契約労働者がフィジーに来島しました。カリブ海にも旧イギリス領の島々があり、現在でもインド系住民が居住している地域があります。この表面がざらざらした系統は、インド系住民によってカリブ海から直接あるいは間接的にインドやバングラデシュ、ミャンマー、フィジーへ導入された、と仮説を立てることはできないでしょうか。この仮説、何とか証明できないものかと、唐辛子研究仲間と奮闘中です。

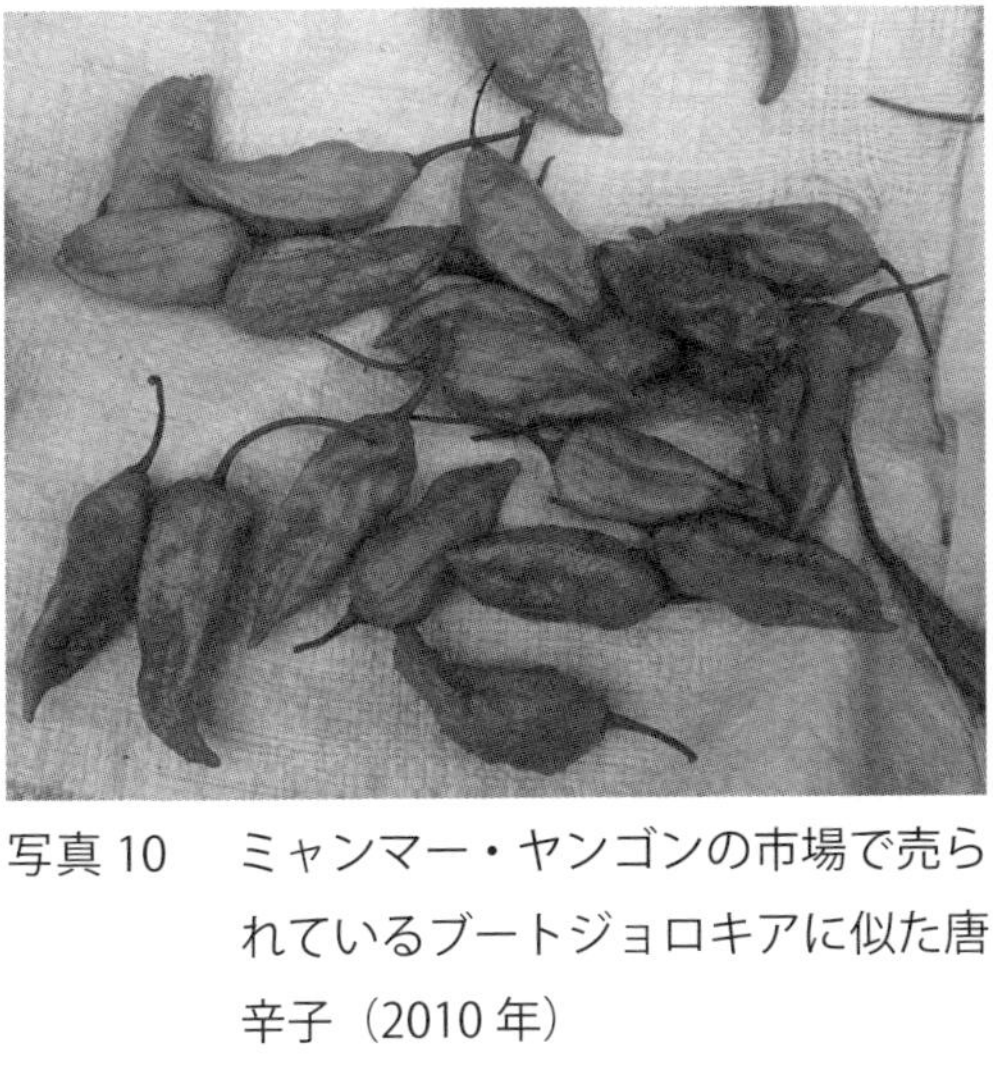

写真 10　ミャンマー・ヤンゴンの市場で売られているブートジョロキアに似た唐辛子（2010 年）

5　東南アジアに唐辛子の栽培種五種がすべて分布？

二〇一六年一〇月に鹿児島大学で開催された日本熱帯農業学会第一二〇回講演会に参加したとき、ベトナム・ソンラ省に *C. baccatum* が分布している、との発表を聞いてとても驚きました。*C. baccatum* は中央アンデス山麓地帯が起源地と考えられており、現在でも主に南米で利用されています。東南アジアではトウガラシとキダチトウガラシが一般的に、そして一部地域ではクロタネトウガラシ（*C. pubescens*）や *C. chinense* も合せて栽培・利用されています（写真11、写真12）。*C. baccatum* がベトナムに分布しているとなると、唐辛子の栽培種五種すべてが東南アジアに存在していることになります。中南米以外では稀有な事例だと思われます。が、ふと思い出しました。大学の研究室の後輩がラオス北部で調査を行っていた時、今までに見たことのない唐辛子がルアンパバーンの街中にありました、と二〇一二年の暮れに写真を送ってきてくれました。唐辛子研究者冥利に尽きます。早速ファイルを開いたところ、花びらの中央に黄緑色の斑点がありました。*C. baccatum* と判別する上で鍵となる形質です。これは *C. baccatum* と思われるけど、なぜラオス北部に分布するのか不思議だ、と返信したように記憶しています。そこで、学会発表を聞いた後、すぐに後輩から送られてきた写真を見直しました。するとどうでしょう。ベトナムのものと瓜二つではありませんか。果実は上を向いてなり、先端が丸く、小型。そして未熟な時は淡い黄緑色、熟すと紫色。南米で香辛料として利用されている品種群とは形態的に大きく異なります。後輩は「ルアンパバーンで見たものは観賞用かもしれない」と言っていました。一方、ベトナムでは「食べられる」との回答を所有者より得た、と講演者がおっしゃっていました。この「食べられる」という回答は、実は非常に難儀なんです。本当に「食べる」のか、それとも「食べるのか？」と

写真 11　インドネシア・ジャワ島の市場で売られているクロタネトウガラシ（*C. pubescens*）（2012 年）

写真 12　インドネシア・スラウェシ島の市場で売られている *C. chinense*（2014 年）

質問したから「食べられる」（普通は食べないけどね・・・）と答えたのか。今後東南アジアで唐辛子を調査する時には「*C. baccatum* の分布および利用」にも注目しなければなりません。そして「食べられる」問題も解決しよう。いずれにせよ、いつ頃、そしてどこから *C. baccatum* が東南アジアに導入されたのか謎のままです。研究テーマがまた一つ増えたと一人にやにやしています。

Ⅳ　文化的側面に着目して

1　おしりホカホカ

最近妻に「辛い料理を食べるようになったね」と言われて気がつきました。いつの間にやら私もあの「刺激」の虜。研究材料には手を出すまい、と心に決めていたのに。唐辛子の辛さを量る単位に「スコヴィル値」というものがあります。人が辛味を感じなくなるまで唐辛子抽出物を砂糖水に溶かし、その倍率を指標とします。それじゃあ辛さに慣れてきた私が測定をするとスコヴィル値は低くなってしまうのか？という官能試験の曖昧さに直面します。でもそんなことはどうでもいいのです。とにかく、口は慣れてもおしりが慣れないのです。調子に乗って唐辛子を食べすぎると、次の日は「おしりホカホカ」を楽しむことになります。この話を友人としていたら、ホカホカの意味がよくわからない、と彼がいいます。こういう輩は概して粘膜が強く、私から言わせれば口もおしりも「鈍感」なのです。もちろん何の科学的根拠もありません。しかし、「おしりホカホカ」に耐性がある人は、唐辛子をたくさん食べることができるように思えてなりません。そこで、人の辛さに対するバロメーターとして「おしりホカホカ」度を提唱したいと思います。皆様、辛いものが苦手といわず、唐辛子を口いっぱいに頬張り、「おしりホカホカ」をぜひお試しください。実は辛いのがいける口かもしれません。

2　すっぱがらい

初めての海外調査地はタイでした。言葉も調査方法もわからず右往左往。でもとりあえずお腹は減ります。知っているタイ語は焼飯「カオパット」。ふらっと食堂に入り、適当な声調でカオパットを頼みました。ぼんやりと机の上を見ていると、唐辛子の輪切りが透明な液体に浮かんでいます。なんだ？　小皿にとって嘗めてみる。すっぱっ！　からっ！　唐辛子は酢に漬けられていたのです。これが「すっぱがらい」との出会いでした。その後、あちこちで「すっぱがらい」調味料と出会うことになりました。鹿児島県の奄美大島では唐辛子をサトウキビの酢に漬けた調味料がお土産として売られています（写真13）。刺身を食べる時、醤油に少し垂らすと風味がグンとよくなります。昔は漁師がこの調味料を持って漁に出かけることもあったと聞きます。ミクロネシア連邦ではココヤシの酢に唐辛子を漬けていました。チューク環礁ではこの調味料をマナキニと呼びます（写真14）。白飯に即席ラーメンをぶっかけ、そこにマナキニを注ぐともう相性抜群。日本でも早く販売してくれないかな、絶対爆発的に売れるのに。フィリピンでも様々な酢に唐辛子を漬けて調味料としますし、時には柑橘の果汁に唐辛子を漬けています。カンボジアではなんと水に唐辛子と蟻を入れた調味料を利用していました（写真15）。そりゃ蟻は確かに酸っぱいけれど、やり過ぎではないかい？　しかし嘗めてみる、いや正確にはもぐもぐしてみると、蟻の酸味もなかなか捨てたもんじゃない。よくよく考えてみると、酸辣湯は「すっぱがらい」スープです。中国四〇〇〇年の歴史おそるべし。なぜ「酸っぱい」と「辛い」が合わさるとこん

写真13　唐辛子をサトウキビの酢に漬けた調味料
（鹿児島県奄美大島、2009年）

なにおいしいのでしょう？　本当に不思議。人生の辛酸は嘗めたくないですが、おいしい「すっぱがらい」はたくさん食べよう飲もう味わおう。

写真 14　唐辛子をココヤシの酢に漬けた調味料（ミクロネシア連邦・チューク州・ピスパネウ島、2011 年）

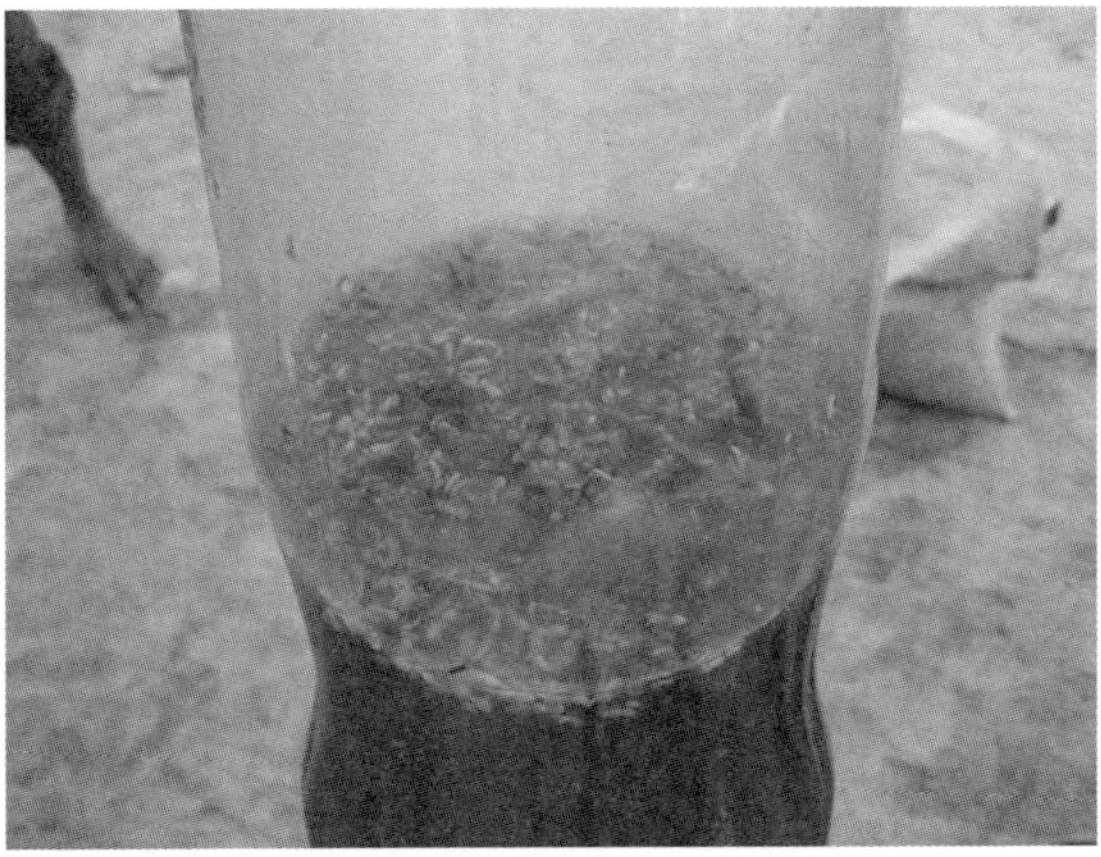

写真 15　水に唐辛子と蟻を入れた調味料（カンボジア・タケオ州、2008 年）

3　酒と唐辛子の関係

餅麹

酒と唐辛子の関係といわれても、あまりピンとこないかもしれません。唐辛子入りのウォッカのこと？　ビールとトマトジュースを合わせたカクテル「レッドアイ」にタバスコを入れること？　いえいえ、本項は酒造りに関するお話です。東南アジアの一部地域では、現在でも伝統的な製法で醸造しており、そのときに必要となるのが餅麹（へいきく、または、もちこうじ）です。餅麹を細かく粉状にし、炊いた（または蒸した）米に加えて混ぜ、それを壺などに入れて一定期間発酵させれば、米の醸造酒のできあがり（写真16）。餅麹には様々な形状のものがあるとはいえ、わかりやすくいえば、鏡餅（の一段分だけ）のような形をしていることが多いです（写真17）。餅麹の作り方も地域によって異なりますが、基本的には「生米＋様々な植物片」を搗き、水などを加

写真16　壺酒、水を加えて竹のストローで飲む（カンボジア・ラタナキリ州、2008年）

えて成形し、屋内に安置後、天日で干します。東南アジアの酒文化の詳細については『東方アジアの酒の起源』や『酒づくりの民族誌』をご参照いただくとして、なぜ唐辛子研究者が酒文化にまで手を伸ばしたのかというと、「様々な植物」の一つとして唐辛子が使われるからです（写真18）。しかも東南アジアの幅広い地域で。どうして新大陸起源の新参者の唐辛子を餅麹に使うの

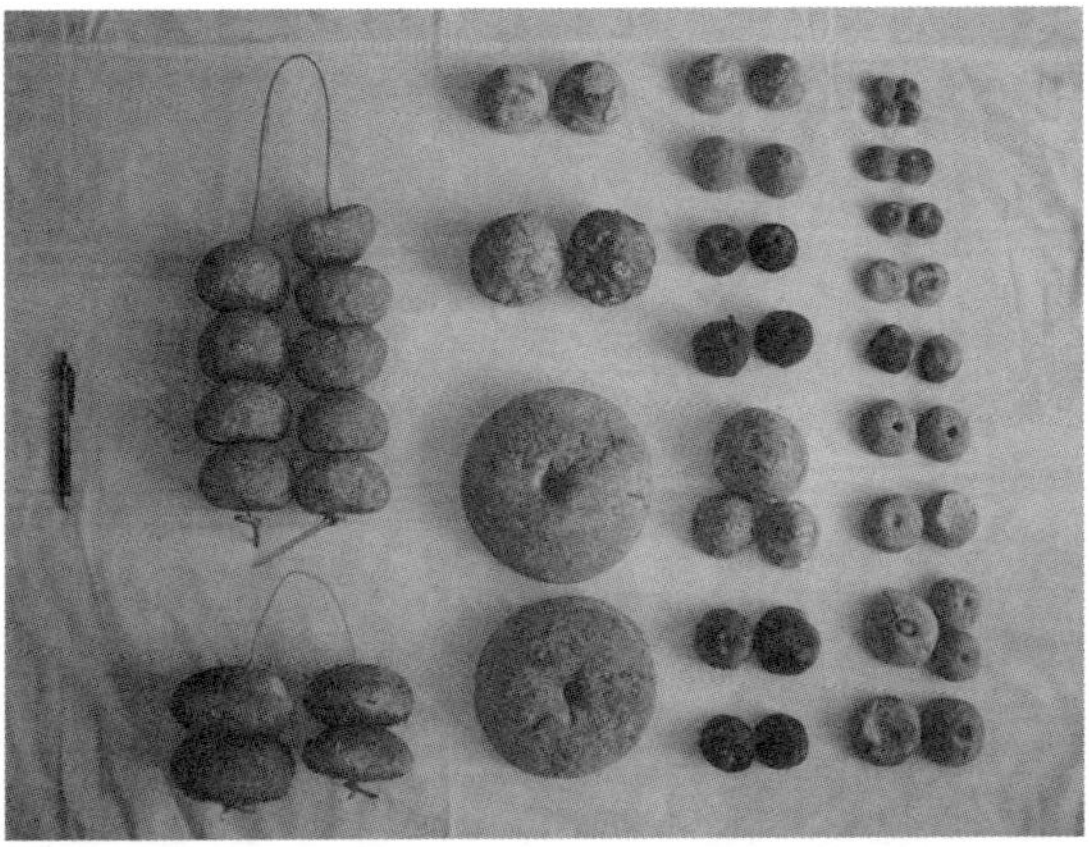

写真 17　カンボジア東北部で採集した餅麹（左側のペンの長さは約 15cm、2008 年）

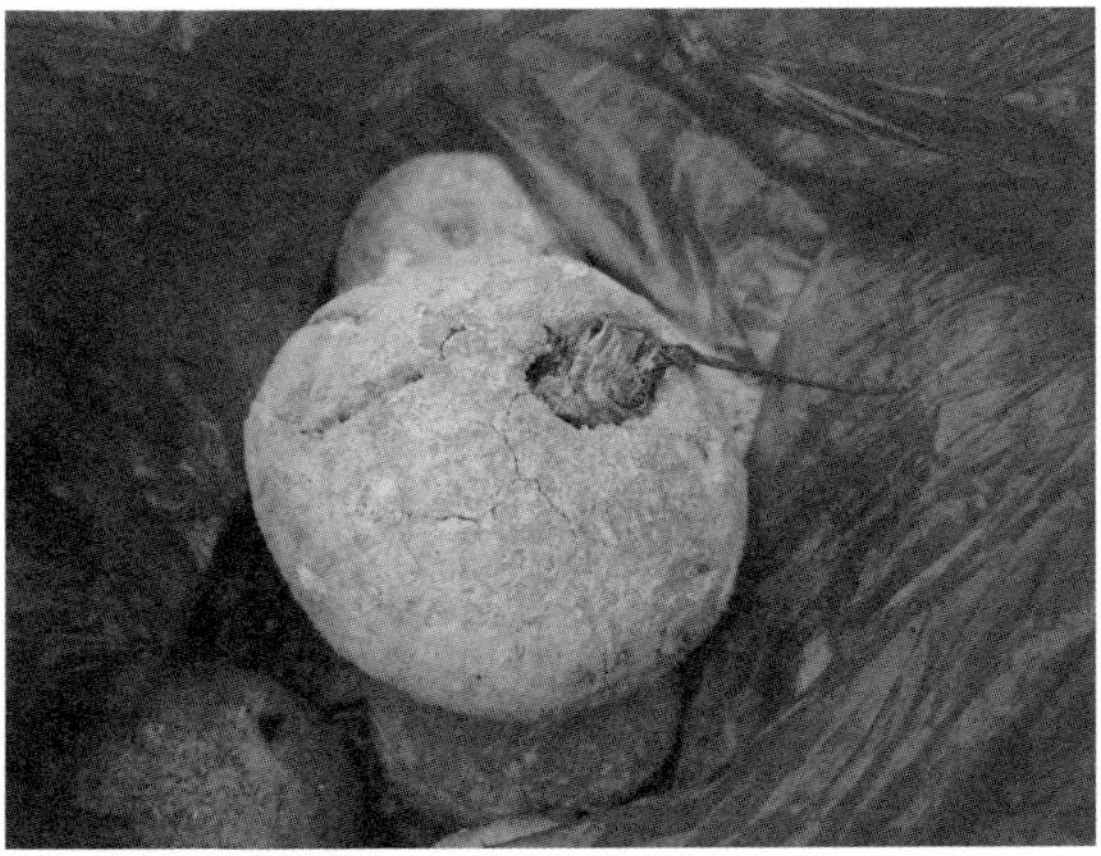

写真 18　カンボジア・ラタナキリ州で遭遇した、唐辛子の果実がささった餅麹、儀礼的な意味もある（2008 年）

か？という単純な疑問から研究を開始しましたが、調べてみるといろいろと面白いことがわかってきました。カンボジアでの聞き取り調査の結果、唐辛子の果実を餅麹の材料に用いる理由は、その餅麹を使った醸造酒（または蒸留酒）が「クダウ（熱い）」・「ハル（辛い）」・「クラン（強い）」になるからでした。しかし、「辛く」感じるほどの量の唐辛子が餅麹に入っているわけではありません。餅麹のその他の材料をみてみると、胡椒や生姜、肉桂など、辛いまたは刺激の強い旧大陸起源の植物が多かったです。そのため、「旧大陸起源の香辛料を餅麹に利用するという技術に唐辛子が一つの要素として組み込まれたのではないか」という仮説を現在のところ私は立てています。仮説や研究の話はさておき、「ＨＯＴ」な材料で作った餅麹を使って醸造すると「ＨＯＴ」な酒ができる、という説明は、なんだか妙に説得力がありませんか？

ヤシ酒

私が初めてヤシ酒（本項では醸造酒に限ります）を飲んだのはカンボジアでした。ヤシ酒とは、花序の柔らかい部分に傷をつけて甘い樹液を採集し、樹液を自然発酵させた飲み物のことです（写真19）。同行者からカンボジアではヤシ酒が飲める、と聞いており、移動中の車からオウギヤシ（*Borassus flabellifer*、パルミラヤシとも）を見るたびに、早く飲んでみたいと思っていました。すると、タケオ州からコンポンスプー州へ向かう道沿いに、ヤシ酒を売っている店が点々と並んでいるではありませんか！　残念ながら一軒目は売り切れでしたが、二軒目には人だかりが。やった。ついにありつける。カンボジアではヤシ酒をタックタナートチュー（*tek tnart chu*）と呼ぶようです。お店でヤシ酒を飲んでいるおじさんたちのつまみはバッタです（写真20）。ヤシ酒に昆

写真 19　オウギヤシの花序を少し切り、そこから滴下する樹液をプラスチック容器などで受ける（カンボジア・コンポンスプー州、2008 年）

写真 20　ヤシ酒とつまみのバッタ（カンボジア・タケオ州、2008 年）

虫食。もうワクワクしてよだれが止まりません。ヤシ酒を飲んでいたおじさんがニコニコしながら「飲んでみろ」とグラス一杯おごってくれました。乳酸発酵のような匂いがし、少し酸っぱく、口にまとわりつきます。ほのかに甘く、なんとも言えない香りがあります。この時は純粋にヤシ酒に感動しただけで、唐辛子のことは頭にありませんでした。しかし、このお店でヤシ酒の話を聞いたり、他の場所でヤシ酒の生産方法を調査したりしてみると、会話の中に唐辛子がぽつぽつとでてくるではありませんか。例えば、「特定の樹木の木片や樹皮を乾燥させてから壺に入れ、そこに樹液をいれて二~三時間でヤシ酒ができあがる。ヤシ酒は樹液を壺に入れてから三~四時間くらいしかもたないが、壺に唐辛子を一粒入れておくと二日もつという話を聞いたことがある」や「ヤシ酒を一晩越させるために唐辛子と柑橘の果汁をまぜて置いておき、次の日に飲んだ。するとその後トイレへ行くとおしりが痛いこと痛いこと。ヤシ酒は酸っぱくなっており、柑橘の果汁も酸っぱく、唐辛子が辛いためだろう」などです。唐辛子にヤシ酒の発酵の進行を遅らせる効果があるのか、ただの笑い話なのかはわかりません。しかし、『ヤシ酒の科学』によると、スリランカでは花序の基部に穴をあけて様々な植物や食塩を混ぜたものを注入したり、花序のまわりにそのような混合物を塗布したりすることがあり、その混合物に唐辛子が使われることもあるようです。

その後、インドネシアでもヤシ酒を飲む機会を得ました。インドネシアでお酒？と少し違和感があるかもしれませんが、インドネシアでは地域によってはキリスト教やヒンドゥー教などイスラム教以外の宗教を信仰する人々がおり、そのような地域には酒を嗜む文化があります。インドネシアのマルク州ではサトウヤシ（*Arenga pinnata*）やココヤシなどからヤシ酒を造ります。開花前の花序の先端を切り、そこから滴下する樹液を容器（竹筒など、最近はプラスチック製品）で受けます。採れたての樹液はとっても甘い。が、放置すると発酵が進みます。甘めでアルコール度数の低い微炭酸、甘味が少なくアルコール度数の高い醸造酒（といっても五％くらいか？）、そして最終的には酢、と変化していきます。タニンバル諸島のヤムデナ島では、ヤシの樹液のことをサゲル（*sageru*）またはトゥックマット（*tuk mat*）と呼び、「サゲルを採取してから一時間後、一・五〜二リットルのポリタンクに対して、唐辛子の果実二〇個ほどを一つずつ指で潰してからサゲルにいれる。夜に飲む。別に辛くはないが、すぐに酔う」との情報を得ました。なんで唐辛子を入れるのだろう？と不思議に思って調査を進めていると、「サゲルは甘いので、唐辛子を加えて、強く、熱くする」や「サゲルを飲むとき、甘いため、好きな人は唐辛子を入れる」などと回答する男性たち。なるほど、ヤシ酒は蒸留酒と比べてアルコール度数が低いうえに甘い。酒好きにはそれでは物足りない。もっと強く、もっと熱く、つまりＨＯＴになるように、唐辛子の辛味が用いられているのです。それではマルク州の他の島ではどうでしょう。アル諸島のワマル島では「ヤシ酒を飲むときに唐辛子を入れることもある。甘さに辛さがまざりおいしくなる」のように類似した事例を得られました。しかし、ブル島では「ヤシ酒を一晩置くと発酵が進み、少し酸っぱくなる。そのときに唐辛子の果実をつぶしていれる」のように、酸味が強くなったヤシ酒に対して唐辛子を加える事例もありました。東南アジアの島嶼部でも大陸部でも、ヤシ酒と唐辛子とには何やらあやしい関係がありそうです。もっとあちこちの島へ行かないとヤシ酒と唐辛子の関係が見えてこないな、このような理由をつけてまたヤシ酒を飲めるな、とセラム島の人々とヤシ酒を回し飲みしながら考えていました（写真21）。

写真21　ヤシ酒（サゲル）を1つのコップで回し飲みする、真ん中のタライに入っているのがサゲル（インドネシア・マルク州・セラム島、2015年）

4　媚薬かはたまた毒薬か

どこへ行ってもみんな猥談が好きだ。唐辛子の調査をしていても然り。「長い棒の先に唐辛子の汁をつけて、女性の股の近くをつんつんすると温かくなって」（ミクロネシア連邦）、「観光客がその辺の唐辛子を取ってきて、島の女性の下着にぬると」（フィリピン）。トルコやインドでは唐辛子に他の香辛料を合わせて媚薬を調合したそうです。韓国には男の子が生まれると赤い唐辛子を吊るす風習があり、韓国語で唐辛子を意味する「コチュ」は男児の一物の名称としても使えます。スワヒリ語で唐辛子を意味する「ピリピリ」も隠語で男性器を指します。あの刺激、そして視覚的にも、どうも下半身と結びついてしまうようです。一方で唐辛子は毒としても利用されてきました。「ブヌン・パイワン・ルカイの戦いの時、唐辛子とアセビの果実を潰し、それらを熱しておいた矢じりにつけて放つと、相手が少しの傷でも死んだ」（台湾原住民族ブヌン）。アイヌやアフリカのピグミーも同様に唐辛子を他の植物と混ぜて矢毒としていました。台湾原住民族のツォウは唐辛子をギョトウやハズ、タイワンフジウツギなどと混ぜて魚毒として利用していたようです。文化や習慣の全く異なる人たちが、唐辛子を同じような概念、つまり「毒」として捉えているのは非常に興味深いですね。媚薬に使うか、毒を盛るか。今宵、どちらがよろしおま？

V　おわりに

唐辛子の旅はいかがでしたでしょうか。唐辛子は香辛料や野菜としてだけではなく、媚薬や毒薬、魔除け、麹の原材料、そしてヤシ酒を長持ちさせるためなどに利用されることがわかったと思います。その他にも、アジア・オセアニアでは葉を野菜として、果実・種子・葉・花・根を薬として、果実を農耕儀礼や呪術などに使うことが知られています。皆さんの身近なところにも、普段は素通りして気づかない唐辛子関連製品がたくさんあります。スーパーマーケットや薬局では、切花、鉢植え、リースなどの飾り、魔除けのアクセサリー（正確にはプラスチック製品）、唐辛子文様をあしらった衣服など観賞・装飾に関するものや、防虫剤、入浴剤、防犯用スプレー、温湿布、ダイエット用品など生活・医薬に関するものです。このような製品の中には民俗的な利用方法に基づいたものがあります。ですので、日本や海外で唐辛子がどのように利用されているのかを調査することは、新たな製品開発につながる可能性があるのです。

また、新大陸起源の唐辛子が旧大陸でどのように利用されているのかを調査することは、唐辛子が導入される以前の作物の利用や文化構造を明らかにする研究にもつながります。カンボジアの餅麹のところで紹介したように、唐辛子を調査することで、香辛料を餅麹の原材料に使う理由を明らかにできるかもしれないのです。

本書で紹介した唐辛子研究は、民族学などの様々な学問分野と植物学とが融合した「民族植物学」に属します。『民族植物学からみた農耕文化』の中で、阪本寧男京都大学名誉教授は民族植物学を「植物と人間の間の多様な関わり合いを時間的ならびに空間的な広がりの中で明らかにしてゆく研究分野」と定義しています。本書を通して、より多くの皆様が民族植物学という学問分野に興味を持ち、唐辛子に限らず、様々な作物の民族植物学的研究が発展していくことを願っています。

最後に、本書の内容は以下の研究助成による成果の一部に基づいています。

◆科学研究費補助金若手研究（B）「インドネシアにおけるトウガラシ属の資源植物学的研究」（研究代表者：山本宗立、二〇一二年四月～二〇一五年三月）

◆科学研究費補助金若手研究（B）「東南アジア島嶼部およびミクロネシアにおけるトウガラシ属の民族植物学的研究」（研究代表者：山本宗立、二〇一五年四月～二〇一八年三月）

◆科学研究費補助金基盤研究（B）「オセアニアにおける住民参加型による持続可能なデング熱対策の実践」（研究代表者：大塚　靖、二〇一六年四月～二〇一九年三月）

◆文部科学省特別経費プロジェクト「薩南諸島の生物多様性とその保全に関する教育研究拠点整備」（鹿児島大学、二〇一六年四月～二〇二〇年三月）

◆科学研究費補助金基盤研究（B）「アジア・オセアニアにおけるトウガラシ属植物の遺伝資源・文化資源の体系化」（研究代表者：山本宗立、二〇一八年四月～二〇二一年三月）

Ⅵ 参考文献

天野鉄夫『琉球列島植物方言集』新星図書出版、一九七九年

アーマル・ナージ（林　真理・奥田祐子・山本紀夫訳）『トウガラシの文化誌』晶文社、一九九七年

石川元助『毒矢の文化』紀伊国屋書店、一九六三年

いも類振興会編『サツマイモ事典―起源・伝播・作物特性・品種・栽培・利用・文化』いも類振興会、二〇一〇年

岩井和夫・渡辺達夫編『トウガラシ　辛味の科学』幸書房、二〇〇〇年

大塚　靖・山本宗立編著『ミクロネシア学ことはじめ―魅惑のピス島編』南方新社、二〇一七年

大野隼夫『奄美群島植物方言集』奄美文化財団、一九九五年

鹿児島大学生物多様性研究会編『奄美群島の野生植物と栽培植物』南方新社、二〇一八年
鹿屋市史編集委員会編『鹿屋市史　下巻』鹿屋市、一九七二年
斎藤たま『まよけの民俗誌』論創社、二〇一〇年
阪本寧男『民族植物学からみた農耕文化』農耕文化研究振興会、一九九九年
高宮広土・河合　渓・桑原季雄編『鹿児島の島々―文化と社会・産業・自然―』南方新社、二〇一六年
内藤　喬『鹿児島民俗植物記』鹿児島民俗植物記刊行会、一九六四年
中種子町郷土誌編集委員会編『中種子町郷土誌』中種子町、一九七一年
農山漁村文化協会『ＣＤ―ＲＯＭ版日本の食生活全集』農山漁村文化協会、二〇〇〇年
濱屋悦次『ヤシ酒の科学』批評社、二〇〇〇年
前田光康・野瀬弘美編『沖縄民俗薬用動植物誌』ニライ社、一九八九年
屋久町郷土誌編さん委員会編『屋久町郷土誌第三巻　村落誌　下』屋久町教育委員会、二〇〇三年
八坂書房編『日本植物方言集成』八坂書房、二〇〇一年
山　悦子『与論島薬草一覧』私家版、二〇〇七年
山本紀夫『トウガラシの世界史』中央公論新社、二〇一六年
山本紀夫編著『増補　酒づくりの民族誌』八坂書房、二〇〇八年

山本紀夫編著『トウガラシ讃歌』八坂書房、二〇一〇年
湯浅浩史『瀬川孝吉　台湾先住民写真誌　ツオウ篇』南天書局、二〇〇〇年
吉田集而『東方アジアの酒の起源』ドメス出版、一九九三年

刊行の辞

鹿児島大学は、本土最南端に位置する総合大学として、伝統的に南方地域に深い学問的関心を抱き続けてきており、多くの研究により多大な成果をあげてきました。そのような伝統を基に、国際島嶼教育研究センターは鹿児島大学憲章に基づき、「鹿児島県島嶼域〜アジア・太平洋島嶼域」における鹿児島大学の教育および研究戦略のコアとしての役割を果たす施設とし、将来的には、国内外の教育・研究者が集結可能で情報発信力のある全国共同利用・共同研究施設としての発展を目指しています。

国際島嶼教育研究センターの歴史の始まりは、昭和五六年から七年間存続した南方海域研究センターで、その後昭和六三年から一〇年間存続した南太平洋海域研究センター、そして平成一〇年から一二年間存続した多島圏研究センターです。平成二二年四月に多島圏研究センターから改組され、現在、国際島嶼教育研究センターとして鹿児島県島嶼からアジア太平洋島嶼部を対象に教育・研究を行なっている組織です。

鹿児島県島嶼を含むアジア太平洋島嶼部では、現在、環境問題、環境保全、領土問題、持続的発展など多岐にわたる課題や問題が多く存在します。国際島嶼教育研究センターは、このような問題に対して、文理融合的かつ分野横断的なアプローチで教育・研究を推進してきました。現在までの多くの成果は様々な学問分野の発展に貢献してきましたが、今後は高校生、大学生などの将来の人材育成や一般の方への知の還元を目指していきたいと考えています。この目的への第一歩として、鹿児島大学島嶼研ブックレットを刊行することにいたしました。本ブックレットが多くの方の手元に届き、島嶼の発展の一翼を担えれば幸いです。

二〇一五年三月

国際島嶼教育研究センター長

河合　渓

山本　宗立（やまもと　そうた）

［著者略歴］

1980 年三重県生まれ。京都大学大学院農学研究科博士課程修了、博士（農学）。名古屋大学農学国際教育協力研究センター研究機関研究員、京都大学東南アジア研究所研究員（研究機関）、日本学術振興会特別研究員 PD（受入：京都大学大学院アジア・アフリカ地域研究研究科）などを経て、2010 年より鹿児島大学国際島嶼教育研究センター准教授。専門は民族植物学・熱帯農学。

［主要著書］

「薬味・たれの食文化とトウガラシ―日本」山本紀夫編著『トウガラシ讃歌』八坂書房、235―246、2010 年

「薩南諸島の唐辛子―文化的側面に着目して―」高宮広土・河合　渓・桑原季雄編『鹿児島の島々―文化と社会・産業・自然―』南方新社、72―83、2016 年

「Ethnic Fermented Foods and Beverages of Cambodia」Tamang, J. P. Ed.『Ethnic Fermented Foods and Alcoholic Beverages of Asia』Springer India、237―262、2016 年

『ミクロネシア学ことはじめ―魅惑のピス島編』南方新社、2017 年（共編著）

「薬としての唐辛子」鹿児島大学生物多様性研究会編『奄美群島の野生植物と栽培植物』南方新社、198―207、2018 年

鹿児島大学島嶼研ブックレット　No.10

唐辛子に旅して

2019 年 3 月 31 日　第 1 版第 1 刷発行

著　者　山本　宗立

発行者　鹿児島大学国際島嶼教育研究センター

発行所　北斗書房

〒132-0024　東京都江戸川区一之江 8 の 3 の 2（MM ビル）

電話 03-3674-5241　FAX03-3674-5244

URL　Http//www.gyokyo.co.jp

定価は表紙に表示してあります

ISBN978-4-89290-048-8 C0040